Bibliografische Information der Deutschen Nationalbibliothek:

Die Deutsche Bibliothek verzeichnet diese Publikation in der Deutschen National-
bibliografie; detaillierte bibliografische Daten sind im Internet über http://dnb.d-
nb.de/ abrufbar.

Impressum:

Copyright © 2015 GRIN Verlag
Druck und Bindung: Books on Demand GmbH, Norderstedt Germany
ISBN: 9783668911680

Janina Schaetzlein

Farbwechsel in der Biologie. Biolumineszenz und Pigmentierung verschiedener Tiere

GRIN Verlag

Inhaltsverzeichnis

1.Einleitung

Die Erfahrung lehrt uns, dass die einzelnen Farben besondere Gemütsstimmungen
geben.

Johann Wolfgang von Goethe (1749 - 1832

Mit diesem Zitat von Johann Wolfgang von Goethe möchte ich meine
wissenschaftliche Arbeit über die Farbwechselmechanismen bei Tieren beginnen.
Farben können vieles. Sie können Gefühle darstellen und unser Denken
beeinflussen, ohne dass wir es merken. Rot drückt in der Gesellschaft die Farbe der
Liebe aus, genauso schenkt man rote Rosen oder eine rote Schachtel Pralinen oder
auch das Herz, womit man liebt und lebt, ist rot. Wie würde die Menschheit also ohne
Farben bestehen? In der Natur und bei den Tieren ist das Verständnis der Farben
jedoch anders. Rot bedeutet in der Natur meist Gefahr. So ist einer der bekanntesten
giftigen Pilze, der Fliegenpilz, ebenfalls rot. In der Tierwelt- und Pflanzenwelt können
Farben nicht nur eine Bedeutung haben, sondern es gibt Tiere, welche das Potenzial
haben, ihre Farbe zu ändern. Ich habe mich früher immer gefragt, wie dieses
Phänomen zustande kommt, weshalb ich auch dieses Thema gewählt habe.
Zunächst wird eine Definition über den Farbwechsel folgen, wobei man näher auf
Fische und Amphibien eingeht. Weiter wird dann über die Biolumineszenz berichtet
und zum Schluss hin, werden diese faszinierenden Wechsel von Farben anhand
eines Chamäleons beschrieben.

2. Farbwechsel

„Beim Farbwechsel wird durch die Pigmentwanderung in der Haut die spektrale Zusammensetzung des reflektierten Lichts verändert, (...)." [1, S. 403, Z. 20-22]

Im Tierreich ist die Fähigkeit zum Farbwechsel, unter dem Einfluss endogener und exogener Reize, weit verbreitet. Aristoteles hat sich erstmals anhand der Cephalopoden damit auseinander gesetzt. Cephalopoden sind Kopffüßer und in der Klasse der Weichtiere wieder zu finden. Laut Aristoteles hat der Farbwechsel also drei Ziele: Er dient als eine Art Signalwirkung für Artgenossen oder Fressfeinde, als Tarnung oder er dient der Thermoregulation oder auch Temperaturregelung bzw. Anpassung. [2, S.846; 3]

2.1. Morphologischer Farbwechsel

Der morphologische Farbwechsel dauert meist Tage bis Wochen. Während dieser Zeit vermehrt oder vermindert sich die Zahl der Farbstoff führenden Zellen, auch Chromatophoren genannt, beziehungsweise das Gehalt an Farbstoffen. Diese Art von Farbwechsel kann irreversibel sein, das heißt so viel wie nicht mehr rückgängig machbar. Ein Beispiel hierfür wäre die Jugend- beziehungsweise Adultfärbung bei welcher die Färbung von Individuen nach der Brutzeit noch mehrere Jahre danach unverändert bleibt. Sie kann aber auch reversibel sein, z.B. im Fall des Saisondimorphismus, wobei die Vögel im Frühjahr das Prachtkleid und sonst das Schlichtkleid zeigen. Durch die Anpassung an die sich ständig ändernde Umgebung oder der Signalwirkung dient der morphologische Farbwechsel an sich in erster Linie der optischen Tarnung. Ein Beispiel wäre das Sommer-/Winterkleid bei Tieren oder das Balzkleid mancher Vogelarten. [4;5]

2.2. Physiologischer Farbwechsel

Beim physiologischen Farbwechsel ändert sich nur die Lage der Pigmente, also
farbgebenden Substanzen, in den Chromatophoren. Der Einfluss auf die Färbung
wird kleiner, wenn sich das Pigment im Chromatophor zu einer kleinen Kugel
zusammenballt. Wenn es aber eine große Fläche einnimmt, ist es ein wichtiger
Faktor für die Färbung eines Tieres. Im Gegensatz zum morphologischen
Farbwechsel dauert das ganze meist nur Sekunden oder Minuten, manchmal sogar
nur Millisekunden. Oftmals sind beide Abläufe miteinander verbunden: Die Menge
des Pigments nimmt bei einer beständigen Ausbreitung des Farbstoffes zu. Zu einem
Verlust des Pigments kommt es bei einer beständigen Zusammenballung.
[2, S.846; 6]

2.2.1. Pigmentwanderung

Im Folgenden werden die Unterschiede der passiven und aktiven Pigmentwanderung
erläutert und anhand eines Beispiels beschrieben.

2.2.1.1. Passive Pigmentwanderung

Bei der passiven Pigmentwanderung werden durch radiär ansetzende Muskelfasern
die Chromatophore in ihrer Gestalt verändert. [1, S.403]

2.2.1.2. Aktive Pigmentwanderung

Bei der aktiven Pigmentwanderung hingegen verändert sich die Zellform nicht und es
wandert nur die Pigmentgranula: Die Pigmentgranula ist ein Speicherstoff welcher
sich meist in körnchenförmigen Einlagerungen in biologischen Zellen wieder findet.
Sie hält sich hauptsächlich jedoch im Zellzentrum (Aufhellung) auf, oder verstreut
sich über das ganze Zellvollumen (Verdunkelung). Die aktive Pigmentwanderung,
welche bei den meisten wirbellosen Tieren oder wechselwarmen Wirbeltieren (auch
Invertebraten und poikilotherme Vertebraten genannt) auftritt, ist an ein dynamisches
Cytoskelett gebunden. Es lässt sich folglich durch Colchicin, ein toxisches Alkaloid,
welches sich auch im Gift der Herbstzeitlosen befindet und erbgutverändernd ist, und
durch Cytochalasine, ein vom Pilz ausgestoßenes Stoffwechselprodukt, hemmen.
[18; 1, S.403; 7; 8]

Bei Chromatophoren unterscheidet man, je nach Art der Pigmente, zwischen gelb-
braune bis schwarze Melanophoren (mit Melaninen) und gelbe oder rote Xantho- und
Erythrophoren (mit Carotinoiden und Pteridinen). Eine silbrige Reflektionsfarbe
entsteht durch die Erzeugung von Iridophoren (reflektierende Chromatophoren)
mithilfe von Stapeln dünner Guaninplättchen. Es können oft verschiedene
Farbmuster erzeugt werden, wenn mehrere Zelltypen zu Chromatophoreneinheiten
zusammengelagert sind. Diese müssen durch differenzielle Aktivierung der
Einzelzellen geweckt werden. Die Kontrolle der Pigmentwanderung wiederum läuft
entweder hormonal, wie zum Beispiel bei Krebsen und Amphibien und/oder neuronal
wie zum Beispiel bei Knochenfischen ab. Die Kontrolle der Pigmentwanderung wird
über Lichtsinnesorgane gesteuert, aber nur wenn es um Anpassung an den
Untergrund oder herrschende Lichtverhältnisse geht. [1, S.403-404]

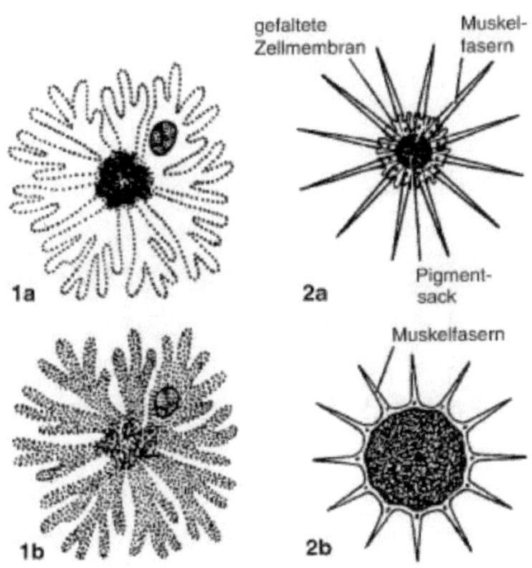

Abbildung 1: 1a ist ein Chromatophor eines Knochenfisches, wobei das Pigment zusammen geballt ist. Bei 1b wiederum ist das Pigment ausgebreitet. 2a ist ein Chromatophor eines Kopffüßers wobei das Pigment wieder geballt ist. Bei 2b ist es wieder ausgebreitet. Bei beiden Tieren kann man sehen, dass das Pigment in Fall a hell ist und in fall b dunkel ist

2.3. Steuerung des Farbwechsels

Die Steuerung des Farbwechsels kann hormonell und/oder nervös ablaufen. Beim Crustaceen, auch Krebstier genannt, wird der Farbwechsel nur hormonell beeinflusst. In den neurosekretorischen Zellen des Zentralnervensystems werden die Hormone produziert. Bei Fischen findet der Farbwechsel sowohl hormonell als auch nervös statt. Wobei die Melanophoren auf die Hypophysenhormone ansprechen. Hypophysenhormone ist die Sammelbezeichnung für alle in der Hypophyse gebildeten bzw. frei freigesetzten Hormone. Bei Amphibien hat die nervöse Kontrolle des Farbwechsels nur wenig Bedeutung. Bei den Cephalopoden wird der Farbwechsel hauptsächlich nervös gesteuert. [2, S.849; 9; 12]

2.3.1. Nervöse Steuerung beim Oktopoden

Ein Oktopode, oder auch Cephalopode, besitzt bis zu vier Nervenfasern an den
Muskelfasern, wodurch er sehr präzise seine Chromatophorenmuskulatur
kontrollieren kann. Unter der Voraussetzung des Besitzes vom selben Farbstoff,
kann jede Nervenfaser mehrere Chromatophoren innervieren. Innervieren bedeutet
in diesem Fall eine Versorgung der Chromatophoren mit Nervenfasern. L-Glutamat,
FMRF-Amid oder Serotonin werden von den Nervenfasern entlassen. Eine
glutamaterge Nervenfaser besitzt bei ihrer Gesamtlänge bis zu 100 Synapsen. L-
Glutamat ist ein Neurotransmitter; falls dieser abgegeben wird, werden Ca^{2+}-Ionen
aus dem sarkoplasmatischen Retikulum ausgeschüttet und die Chromatophoren
dehnen sich aus. Das sarkoplasmatische Retikulum ist die Abkürzung für das
endoplasmatische Retikulum der Muskelzelle. Aufgrund der Ausbildung des nur
graduierten Potenziales der Chromatophorenmuskeln, kann der Kontraktionsgrad nur
sehr fein abgestuft werden. Bei der Anwendung von FMFR-Amide erfolgt ebenfalls
eine Kontraktion, welche aber sehr langsam abläuft. Rückgängig kann sie danach
nur bis zu mehreren Minuten gemacht werden. Für die Verhinderung der Freisetzung
von Ca^{2+}-Ionen beim sarkoplasmatischen Retikulum ist das obige genannte
Serotonin zuständig. Nicht nur die Freisetzung wird verhindert, sondern auch die
Wiederaufnahme wird angekurbelt. Folglich entspannen sich die Muskeln der
Chromatophoren, wodurch sie sich schneller zusammen ziehen. So erfolgt der
schnelle Farbwechsel. [10; 11; 2, S.849-850]

2.3.2. Hormonelle Steuerung bei Krebstieren und Fischen

Wie bei der allgemeinen Steuerung des Farbwechsels bereits erwähnt wurde, werden die Chromatophoren beim Crustaceen nur hormonell beeinflusst. Crustaceen besitzt mindestens zwei farbwechselaktive Hormone. Ein Oktapeptid mit dem Namen RPCH, welches aus dem englischen stammt und „red pigment concentrating hormone" bedeutet, wird in der Sinusdrüse gespeichert. Dadurch ballen sich die Pigmente in den Chromatophoren zusammen. Das Gegenstück PDH, welches auch aus dem Englischen kommt und „pigment dispering hormone" bedeutet, ist ein Neuropeptid aus 18 Aminosäuren.

Fische kontrollieren ihren Farbwechsel ebenfalls hormonell. Für diesen Farbwechsel ist hauptsächlich die Hypophyse zuständig. Das Hormon α-MSH ist ein melanophorenstimulierendes Hormon, welches bei dunklem Hintergrund vom Hypophysenzwischenlappen augeschüttet wird. Melanin wird dadurch in den Melanophoren verteilt und die Fische werden dunkler. Andersherum bei weißem Hintergrund wird MCH, welches ebenfalls aus dem Englischen kommt und „melanine concentrating hormone" heißt, vom Hypophysenhinterlappen ausgeschüttet. Es ist ein melaninkonzentriertes Hormon. Der Fisch wird also heller. Bisher wurde nur erklärt, wie es zur kurzzeitigen Farbveränderung kommt. Bei vielen Fischen kann es auch passieren, dass eine Langzeitadaptation stattfindet. Auch hier unterscheidet man zwischen den beiden Voraussetzungen: Liegt ein dunkler oder ein heller Hintergrund vor? Bei dunklem Hintergrund steigt die Anzahl der Melanophoren in der Haut. Bei hellem Hintergrund passiert das Gegenteil. Durch eine Minipumpe nimmt die Konzentration der α–MSH im Blutplasma zu, folglich häufen sich die Melanophoren bei sowohl dunklem als auch hellem Hintergrund. Neue Melanophoren entstehen also bei Mitwirken des α-MSH. Der Grund für die Adaptation der Melanophoren an einen hellen Hintergrund ist hauptsächlich der programmierte Zelltod. Adaptation bedeutet so viel wie Anpassung. Eine Stimulation des Zelltodes, oder auch Anregung, wird durch Noradrenalin ausgelöst.
[2, S.851-852; 13]

2.4. Faktoren für den Vorgang des Farbwechsels

Auslöser für den Farbwechsel eines Tieres kann vieles sein. Einer der häufigsten
Umweltfaktoren ist das Licht. Das kann man schon allein daran sehen, dass sich der
Farbwechsel von vielen Tieren bei hellem Licht verändert. Bei normalen
Verhältnissen jedoch passt sich das Tier oft an die Helligkeit des Untergrundes an.
Grund dafür ist das vom Boden reflektierende und von oben einfallende Licht. Eine
Dunkelfärbung tritt bei grellem Licht über dunklem Boden auf. Bei hellem Untergrund
werden die Tiere logischerweise heller. Diesen Farbwechsel bezeichnet man
allgemein als den sekundären Farbwechsel. Als Zusammenfassung kann man
sagen, dass über das Auge Licht mit unterschiedlicher Wellenlänge und Intensität auf
die Chromatophoren wirkt. Anders als beim sekundären Farbwechsel, trifft beim
primären Farbwechsel das Licht direkt auf die Chromatophoren oder es wirkt über
andere Rezeptoren.

Beim primären Farbwechsel ändert sich die Pigmentverteilung mit der Intensität des
Lichtes, aber eine Anpassung an das Umfeld, sprich Helligkeit und Untergrund bleibt
aus. Man kann sagen, dass der primäre Farbwechsel dem sekundären
untergeordnet ist.

Ein weiterer Umweltfaktor, der für den Farbwechsel verantwortlich ist, ist die
Temperatur. Tiere tun dies wahrscheinlich um die Wärme zu regulieren, da die Farbe
der Haut für die Entscheidung, in wie weit elektromagnetische Strahlung absorbiert
oder reflektiert wird, zuständig ist. Absorbiert wird sie bei dunkler Oberfläche und
reflektiert bei heller Oberfläche.

Auch die Luftfeuchtigkeit kann Einfluss auf die Färbung des Tieres nehmen. Bei
hoher Feuchtigkeit verdunkelt sich das Tier, bei Trockenheit wird es heller.
[2, S.852-853]

3. Biolumineszenz bei Fischen und Amphibien

„Biolumineszenz bezeichnet die aktive Erzeugung von Licht durch Organismen. Dabei wird chemische Energie mit hoher Quantenausbeute in Lichtenergie umgewandelt." [1, S.404]

Die wenigsten wissen, dass das Meeresleuchten durch lumineszierende Fische und Amphibien erzeugt wird. Diese Leuchterscheinungen existieren bei den verschiedensten Organismengruppen, welche durch einige taxonomische Bezeichnungen belegt sind. Beispiele sind: der Käfer Photuris, der Knochenfisch Photoblepharon und der Muschelkrebs Pyrocypris

Ein Substrat namens Luciferin (LF) dient für eine Luciferase (LFase). Eine Luciferasen sind in der Struktur unterschiedliche Enzyme. Durch die katalytische, also in Gang bringende bzw. ankurbelnde Aktivität, wird somit das Luciferin oxidiert. Dies geschieht unter einer Quantenemission:

$$
\begin{array}{ccc}
(1) & (2) & (3) \\
Ca^{2+} & LFase & LFase,\ ATP,\ Mg^{2+}
\end{array}
$$

$$LF \cdot H_2 + \tfrac{1}{2}\,O_2 \longrightarrow LF + H_2O + hv$$

Hv bedeutet „h mal nü" oder auch h·v, also Planck´sches Wirkungsquantum mal Frequenz des Lichts. Das ist das Maß für die abgebende Energie. Reaktionsweg (1): wird, da das LF dieser Meduse, oder auch Qualle, sehr empfindlich mit Ca^2 –Ionen reagiert, als Lumineszenindikator in biologischen Systemen genommen. Reaktionsweg (2):wirkt bei dem Muschelkrebs (Cypridina). Dessen Biolumineszenz befindet sich nicht, wie bei den Quallen und den meisten anderen biolumineszierenden Meerestieren in der Zelle, sondern außerhalb. Dabei wird die LF und LFase in zwei verschiedenen Zelltypen produziert. Das Substanzgemisch leuchtet erst nach dem Ausscheiden im Meerwasser auf. (kommt bei Leuchtkäfern vor). = Reaktionsweg (3). Insgesamt kann man sagen, dass bei der Qualle die Biolumineszenz in der Zelle stattfindet, beim Muschelkrebs und bei Leuchtkäfern findet das Leuchten außerhalb statt. [1, S.404-405; 14]

Die Biolumineszenz kann in den Leuchtorganen auf eigenen Zellen beruhen, oder sie erfolgt mithilfe symbiotischer Bakterien, was manchmal bei Kopffüßern und vielen Fischen auftritt. Beim nachtaktiven Korallenfisch (Photoblepharon) befinden sich unter den Augen obligat symbiotische Bakterien, welche außerhalb des Leuchtorgans nicht überleben können. Der Fisch kann den Lichtfluss der dauerhaft leuchtenden Bakterien, durch die Bewegung seines lichtundurchlässigen Augenlids nach außen regulieren. Krebstiere können durch Vorschalten einer Linse die Lichtabstrahlwirkung verstärken.

Abbildung 2: Abbild von zwei Korallenfischen während ihres Leuchtens

Biolumineszenz beinhaltet viele Funktionen für diese Tiere. Die leuchtstarken Leuchtorgane beim Fisch locken zum Beispiel potenzielle Beute an und verschrecken durch plötzliches Aufblinken mögliche Feinde. Außerdem unterstützen sie das Paarungsverhalten und dienen sogar als Scheinwerfer. In der Regel steht den meisten Tieren nur ein Leuchtorgan zur Verfügung. Der Leuchtkäfer hat sein Leuchtorgan zur Geschlechterfindung. Anglerfischen (z.B. beim Seeteufel) dient das Organ zur Beuteanlockung. Viele Krebstiere und Kopffüßler besitzen eine ganze Reihe am Bauch angeordneter Leuchtorgane um Feinde abzuwehren. Dies geschieht jedoch nicht mit Blinken wie beim Photoblepharon, sondern mit ihren nach unten strahlenden Lichtern lösen sie ihre Körpersilhouette optisch auf, so dass ein tiefer schwimmender Fisch, welcher gerade nach oben schaut, sie nicht erkennen kann. Fische können ihre Strahlung so genau regulieren, dass die Intensität dem Oberlicht angepasst wird. Somit verschwinden sie, von unten gesehen, ständig im Oberlicht. Dem Tiefseefisch (Pachystomias) dient sein Leuchtorgan dagegen als Scheinwerfer. Diese Fische senden ein rotes Licht aus, welches in seiner Zusammensetzung dem Absorptionsspektrum der rotempfindlichen Photorezeptoren entspricht. Das Auftreten von Rotrezeptoren ist wichtig für die Scheinwerferfunktion der Leuchtorgane, da das natürliche Umgebungslicht des Tiefseefisches nur einen kurzwelligen Strahlungsanteil enthält. [1, S. 405]

Abbildung 3: Foto eines Tiefseefisches (Pachystomias) mit seinen Rotrezeptoren unter dem Auge

4. Das Chamäleon

Um den Farbwechsel konkreter zu veranschaulichen, wird zunächst das Chamäleon allgemein beschrieben und daraufhin der Farbwechselmechanismus erklärt.

4.1. Allgemeine Fakten

Das Chamäleon oder auch in der Wissenschaft genannt „Chamaeleonidae", ist ein Reptil und gehört zu der Gattung der „Leguanartigen". Seinen Ursprung hat es in Ostafrika. Heutzutage aber findet man es in ganz Afrika, im Mittelmeergebiet, in Indien und auf der arabischen Halbinsel. Es ist fähig seine Augen um 360° zu drehen und kann noch dazu alles im Umkreis von einem Kilometer komplett scharf sehen. Seine Zunge ist so lang wie das Tier selbst, einschließlich des Schwanzes.

Aber der eigentliche Grund, warum jeder das Chamäleon kennt, ist die Veränderung seiner Hautfarbe. Früher nahm man an, dass es das tut, um sich zu tarnen und/oder dem Hintergrund anzupassen. Das ist aber nicht der eigentliche Grund. Es wechselt sein Erscheinungsbild, um seine Gefühle auszudrücken. Das Chamäleon ist eines der wenigen Tiere, welches je nach Stimmung und Verfassung seine Farbe und/oder sogar seine Erscheinung ändern kann. [15]

4.2. Farbwechsel aufgrund von Gefühlen

Das Chamäleon ändert seine Farbe aus den verschiedensten Gründen. Wie vorhin bereits erwähnt sind Umweltfaktoren wie die Luftfeuchtigkeit, Helligkeit oder Temperatur ausschlaggebende Gründe für den Farbwechsel. Ein weiterer Punkt wäre die Evolution.

Abbildung 4: Hier nimmt das Chamäleon-Männchen seine schönste und auffälligste Farbe an

Um den Weibchen zu gefallen drücken sie mit dieser Farbe ihre Paarungsbereitschaft aus und drohen gleichzeitig anderen Konkurrenten.

Die Färbung kommt zwar auf die Art an, aber allgemein lässt sich sagen, dass sich Chamäleons bei Angst und als Zeichen der Unterlegenheit schwarz färben. Bei Stress strahlen sie helle Farben aus, und wenn es darum geht einen Partner zu erwerben, sind die Farben so bunt wie möglich.

Oftmals haben sie einen so genannten Tag-Nacht-Rhythmus: Am Tag sind die Farben so kräftig wie möglich, in der Nacht eher blass und kraftlos. [15]

4.3. Biologischer Ablauf des Farbwechsels

Die Haut des Chamäleons besitzt zwei Zellschichten, welche sich übereinander befinden. Sie bestehen aus einem Netz von Nanokristallen. Beide Schichten besitzen Blöcke aus Guanin, eine Nukleinbase und außerdem ein Bestandteil der DNA und RNA. Sobald Licht auf die Blöcke fällt, wird es reflektiert. Durch die Fähigkeit, die Zwischenräume zwischen den Guaninblöcken zu vergrößern oder umgekehrt zu verkleinern, strahlt die Chamäleon-Haut in verschiedenen Farben. Ist das Chamäleon in Bewegung, lockert sich das vorhin beschriebene Kristallgitter und die Haut schimmert gelb oder rot. Andersherum, wenn sich das Chamäleon nicht bewegt, also ruhig ist, ist der Abstand zwischen den Kristallen klein, das Netz ist folglich eng und das Chamäleon erscheint blau. [16]

5. Die Schillerfarben des Schmetterlings

Die Flügel der Schmetterlinge bestehen aus zahlreichen Schuppen. Ein Flügel selbst besteht schon aus tausenden. Diese Schuppen sind kaum größer als 0,1 Millimeter. Trotzdem beinhalten sie die Pigmentfarben, welche in dem Fall Stoffwechselprodukte sind. Diese sind Melanine und Pterine. Sie produzieren hauptsächlich rote, blaue, weiße oder gelbe Farben. Durch Interferenz wiederum entstehen Strukturfarben. Die Schuppen haben einen ganz speziellen Aufbau, die sogenannte Schuppenstruktur. Zwischen dieser liegen Luftschichten, welche das Licht brechen und je nach Einfallswinkel verschiedene Farben erzeugen. Besonders bekannt sind diese Farben beim Edelfalter oder beim blau schimmernden Morphid. [17]

Abbildung 5: Edelfalter

6. Schluss

Auch in der Wissenschaft und Technik hat das Chamäleon einen Nutzen. Us -
Forscher haben nämlich einen Roboter erfunden, der die Farbe wechseln kann.
Diese Erfindung basiert zwar auf mehreren Forschungen an verschiedenen Tieren ,
wie beispielsweise den schon angesprochenen Cephalopoden. Allerdings war der
Gedanke dahinter, dass dieser Roboter sich so tarnen kann, wie auch das
Chamäleon es tut. Der Roboter selbst dient einerseits zum Beobachten von Tieren in
freier Wildbahn andererseits kann man Geräte in einer unüberschaubaren
Umgebung besser sichtbar machen. Der Roboter an sich ist aus Gummi und somit
sehr flexibel. Es besteht aus einem Netz aus kleinen Kanälen, welche je nach
Bewegung mit Luft gefüllt werden oder leer bleiben. Das zweite Netz verläuft
oberflächlich und füllt sich je nach Belieben mit Farbe in sowohl kalter als auch
warmer Temperatur. Man kann also seine Farbe ändern und sogar die Oberfläche
und die Temperatur regulieren. Somit ist der Roboter auch unter dem Infrarotbereich
getarnt. [19]

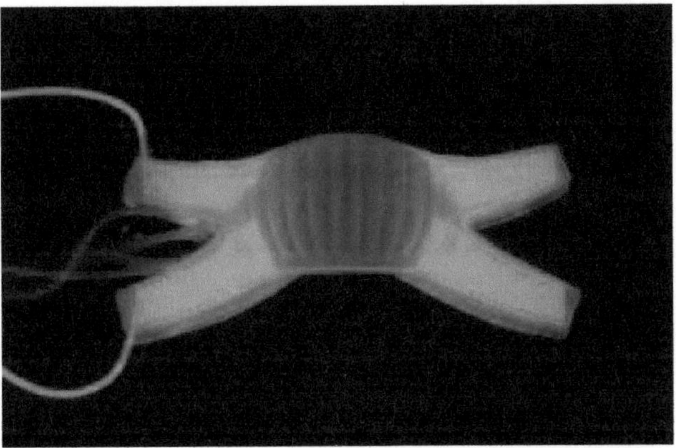

Abbildung 6: Roboter, der sich wie ein Chamäleon tarnt

7. Literaturverzeichnis und Internetquellen

1. Wehner, Rüdiger; Gehring, Walter: Zoologie. 25.Auflage. Stuttgart 2013
2. Hildebrandt, Jan-Peter; Bleckmann, Horst; Homberg, Uwe: Penzlin-Lehrbuch der Tierphysiologie. 8.Auflage. Berlin 2015

3. https://de.wikipedia.org/wiki/Kopff%C3%BC%C3%9Fer
[geöffnet am 7.11.2015]
4. https://de.wikipedia.org/wiki/Adult [geöffnet am 7.11.2015]
5. http://www.spektrum.de/lexikon/biologie-kompakt/farbwechsel/4062
[geöffnet am 7.11.2015]
6. https://de.wikipedia.org/wiki/Pigment [geöffnet am 7.11.2015]
7. https://de.wikipedia.org/wiki/Colchicin [geöffnet am 7.11.2015]
8. http://www.chemgapedia.de/vsengine/glossary/de/cytochalasin.glos.html
[geöffnet am 7.11.2015]
9. http://www.spektrum.de/lexikon/biologie-kompakt/hypophysenhormone/5819
[geöffnet am 7.11.2015]
10. http://www.duden.de/rechtschreibung/innervieren [geöffnet am 7.11.2015]
11. http://www.spektrum.de/lexikon/biologie-kompakt/sarkoplasmatisches-reticulum/10254 [geöffnet am 7.11.2015]
12. https://de.wikipedia.org/wiki/Krebstiere [geöffnet am 7.11.2015]
13. http://www.duden.de/rechtschreibung/Adaptation [geöffnet am 7.11.2015]
14. https://de.wikipedia.org/wiki/Qualle [geöffnet am 7.11.2015]
15. http://www.helles-koepfchen.de/die-farben-der-chamaeleons.html
[geöffnet am 7.11.2015]
16. http://www.zeit.de/wissen/2015-03/nanostrukturen-chamaeleon-farbwechsel
[geöffnet am 7.11.2015]
17. http://suite101.de/article/fluegel-und-schuppen-der-schmetterlinge-a120794#.Vj5AQivrn8l [geöffnet am 7.11.2015]
18. https://de.wikipedia.org/wiki/Granula [geöffnet am 7.11.2015]
19. http://www.welt.de/wissenschaft/article108653938/Der-Roboter-der-sich-wie-ein-Chamaeleon-tarnt.html [geöffnet am 09.11.2015]

8. Abbildungsverzeichnis

1. http://www.spektrum.de/lexikon/biologie-kompakt/farbwechsel/4062
   [geöffnet am 7.11.2015]

2. http://bionique.artbite.fr/Les-poissons-phares.html?lang=fr
   [geöffnet am 7.11.2015]

3. http://tpe-bioluminescence.e-monsite.com/album/especes-animales-abyssales/pachystomias.html [geöffnet am 7.11.2015]

4. http://www.helles-koepfchen.de/die-farben-der-chamaeleons.html
   [geöffnet am 7.11.2015]

5. http://www.fotocommunity.de/pc/pc/display/21859102 [geöffnet am 7.11.2015]

6. http://www.welt.de/wissenschaft/article108653938/Der-Roboter-der-sich-wie-ein-Chamaeleon-tarnt.html [geöffnet am 9.11.2015]